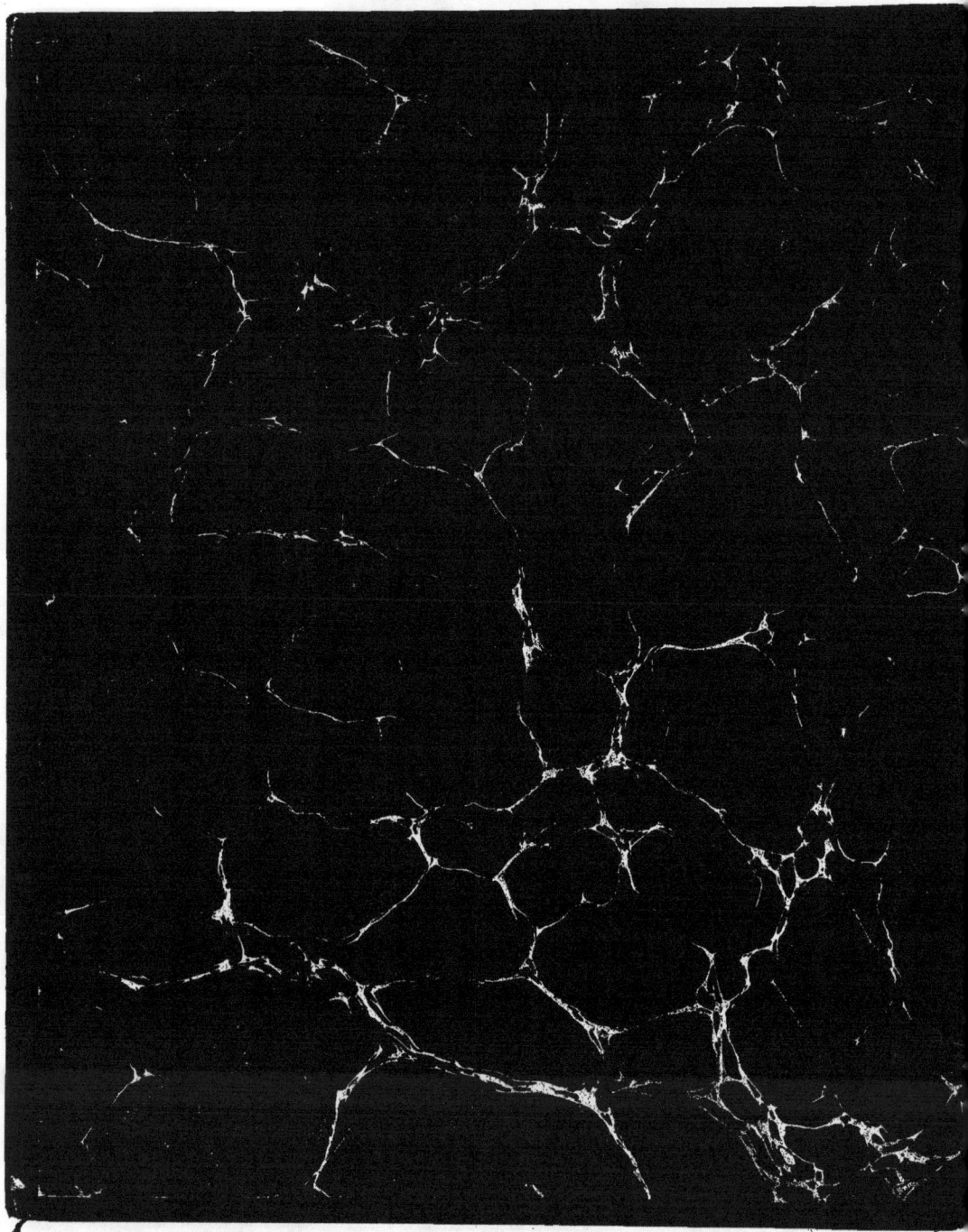

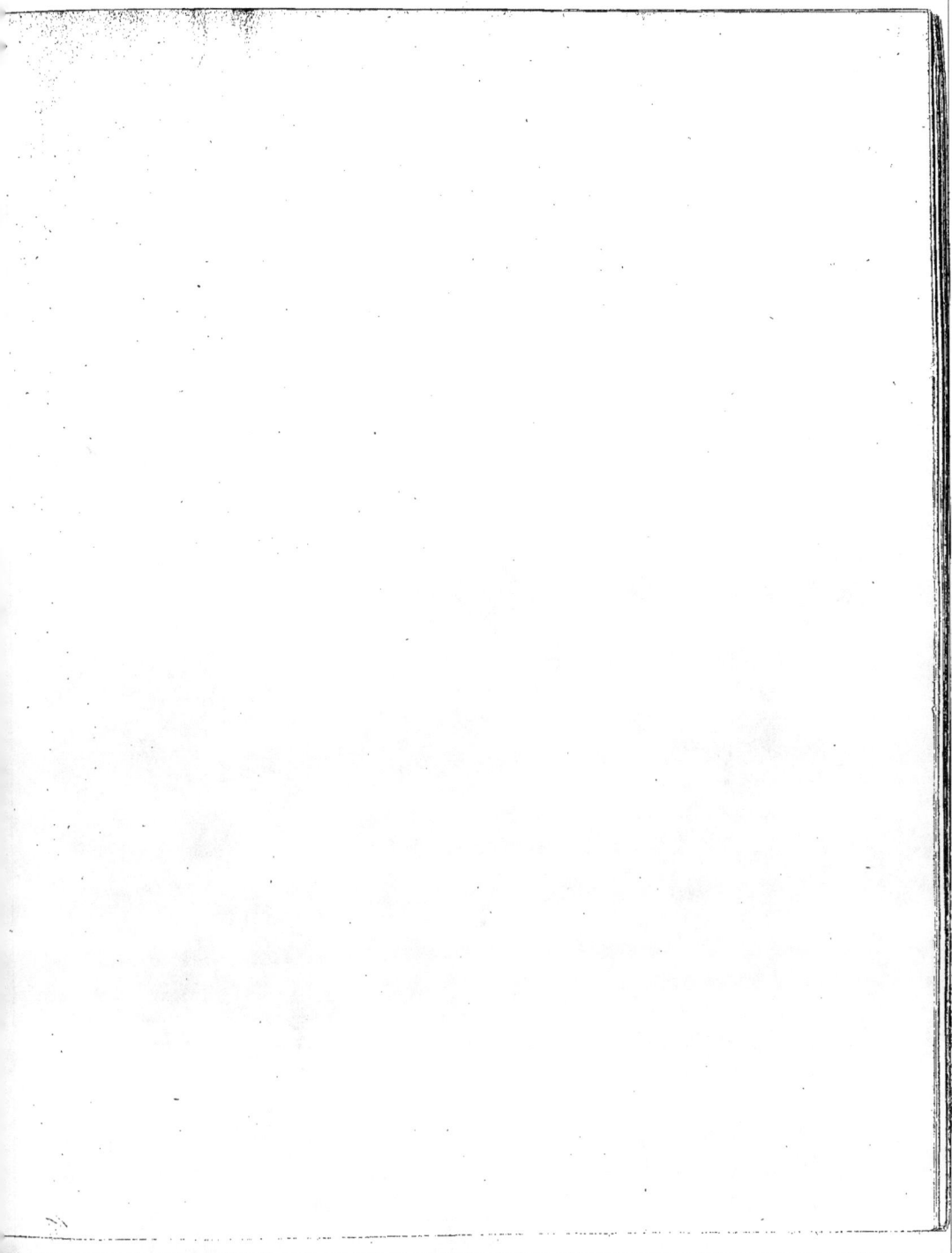

S

7436

RECHERCHES

SUR

LE GISEMENT ET LE TRAITEMENT DIRECT

DES MINERAIS DE FER

DANS LES PYRÉNÉES

ET PARTICULIÈREMENT DANS L'ARIÉGE.

PARIS. — IMPRIMERIE DE FAIN ET THUNOT,
IMPRIMEURS DE L'UNIVERSITÉ ROYALE DE FRANCE,
Rue Racine, 28, près de l'Odéon.

RECHERCHES

LE GISEMENT ET LE TRAITEMENT DIRECT

DES MINERAIS DE FER

DANS LES PYRÉNÉES

ET PARTICULIÈREMENT DANS L'ARIÉGE,

SUIVIES

DE CONSIDÉRATIONS HISTORIQUES, ÉCONOMIQUES ET PRATIQUES SUR LE TRAVAIL DU FER
ET DE L'ACIER DANS LES PYRÉNÉES;

PAR M. JULES FRANÇOIS,

INGÉNIEUR DES MINES.

Avec planches et dessins au microscope par M. Ferdinand Mercadier.

ATLAS.

PARIS.

CARILIAN-GŒURY ET Vᵒʳ DALMONT, ÉDITEURS,

LIBRAIRES DES CORPS ROYAUX DES PONTS ET CHAUSSÉES ET DES MINES,

Quai des Augustins, nᵒˢ 39 et 41.

1843

Noyaux de minerai grillé

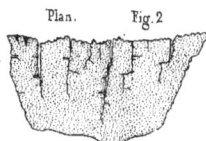

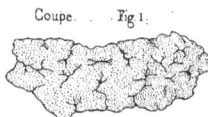

Plan.   Fig. 2   Coupe.   Fig. 1.

Groupe
de Noyaux soudés par les angles.

Fig. 4.

Noyaux en Élaboration.

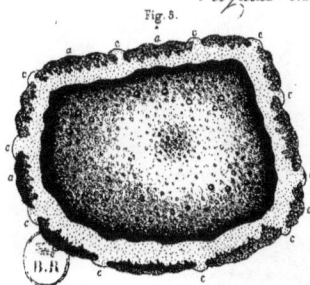

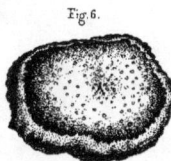

Fig. 5.   Fig. 6.

B.R

F. Mercadier del.   Delahaye Lith.   Lith. de Becquet à Paris

Groupe
de Noyaux en Élaboration.

Fig. 7.

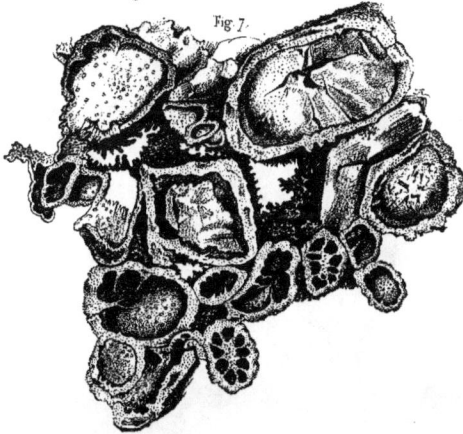

Noyaux en élaboration avancée.

Fig. 8.

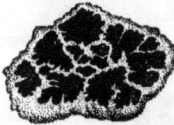

Fig. 9.

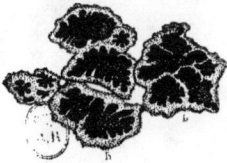

Fig. 10.

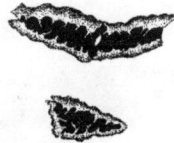

F. Mercadier del.   Delahaye lith.   Lith. de Becquet à Paris.

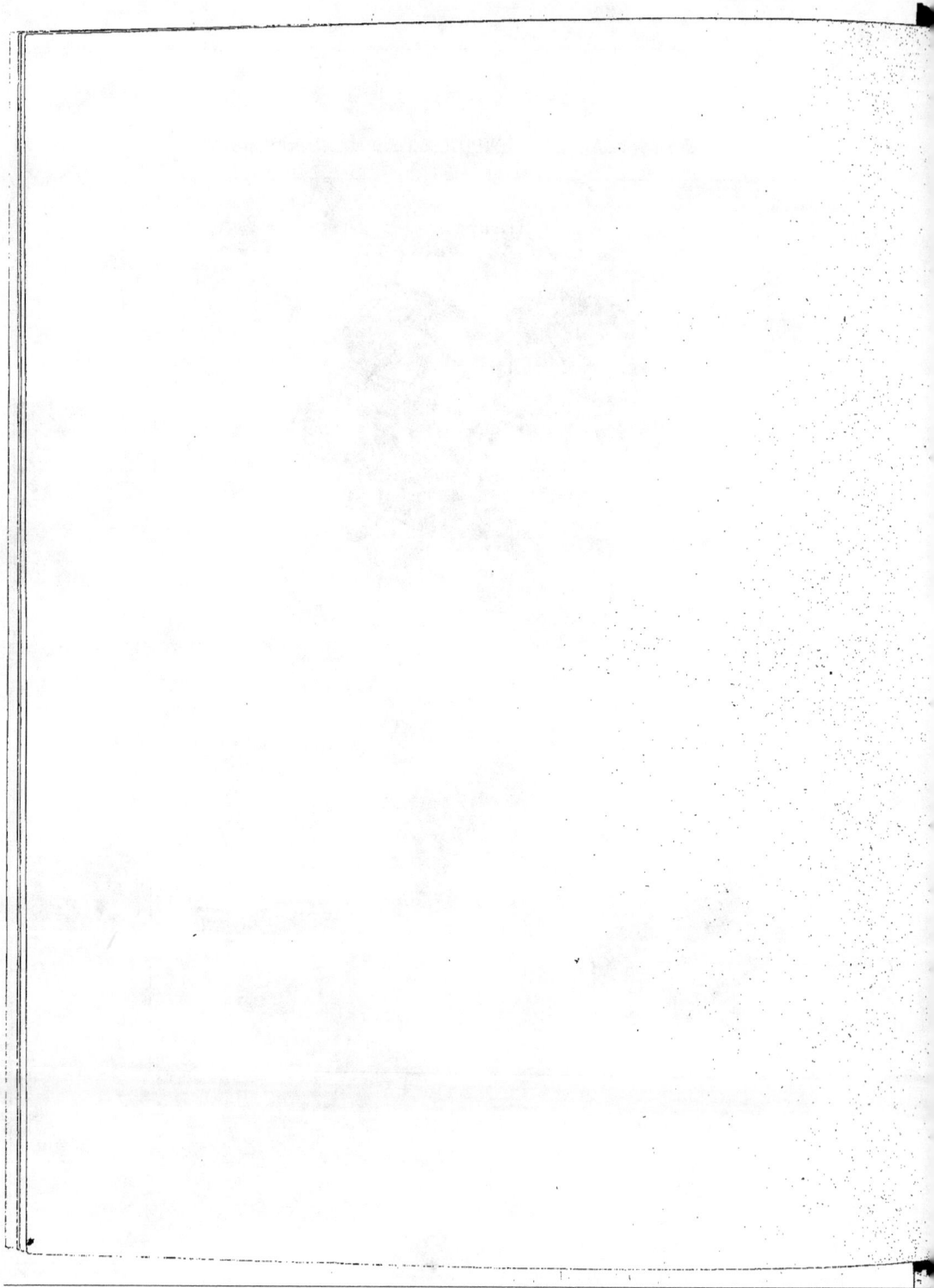

Noyaux en élaboration active.

Fig. 11.

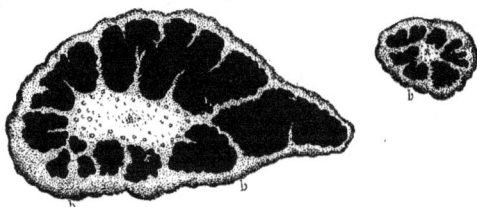

Noyau à deux tégumens.

Fig. 12.

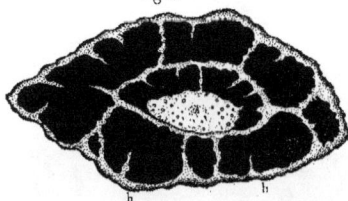

Fer métallique ramoli et Stalactiforme,
au bas de la région, N.º 4.

Fig. 13.

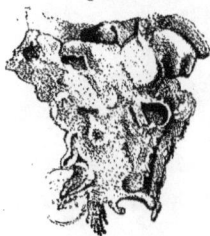

F. Mercadier del.   Delahaye lith.   Lith de Becquet à Paris.

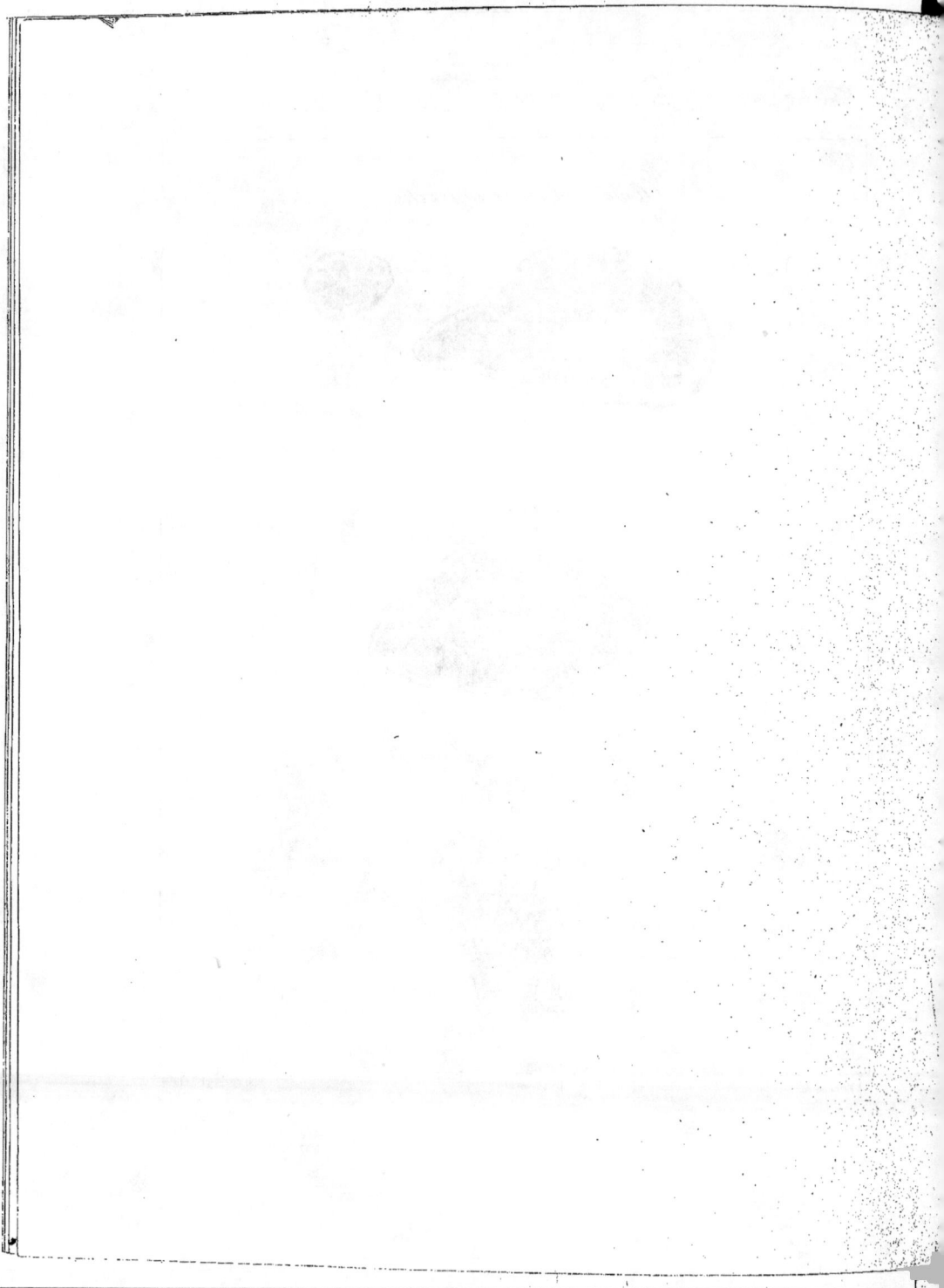

Formes cristallines du silicate neutre.

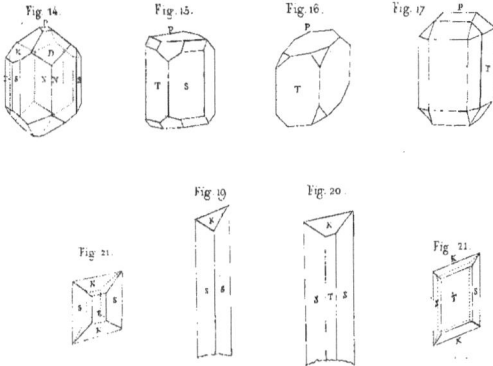

Fig. 14. Fig. 15. Fig. 16. Fig. 17.

Fig. 19. Fig. 20. Fig. 21.

Fig. 21.

Appendices ramuleux.

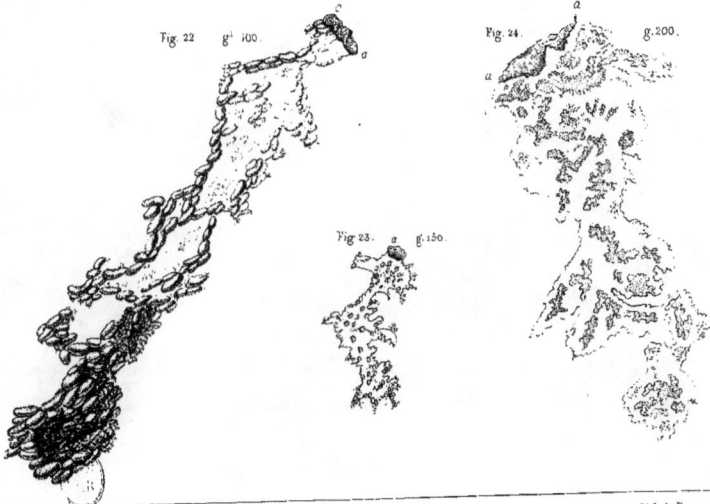

Fig. 22. g⁴.100.

Fig. 24. g.200.

Fig. 23. a g.150.

F. Mercadier del.

Delahaye lith.

Lith. de Becquet à Paris.

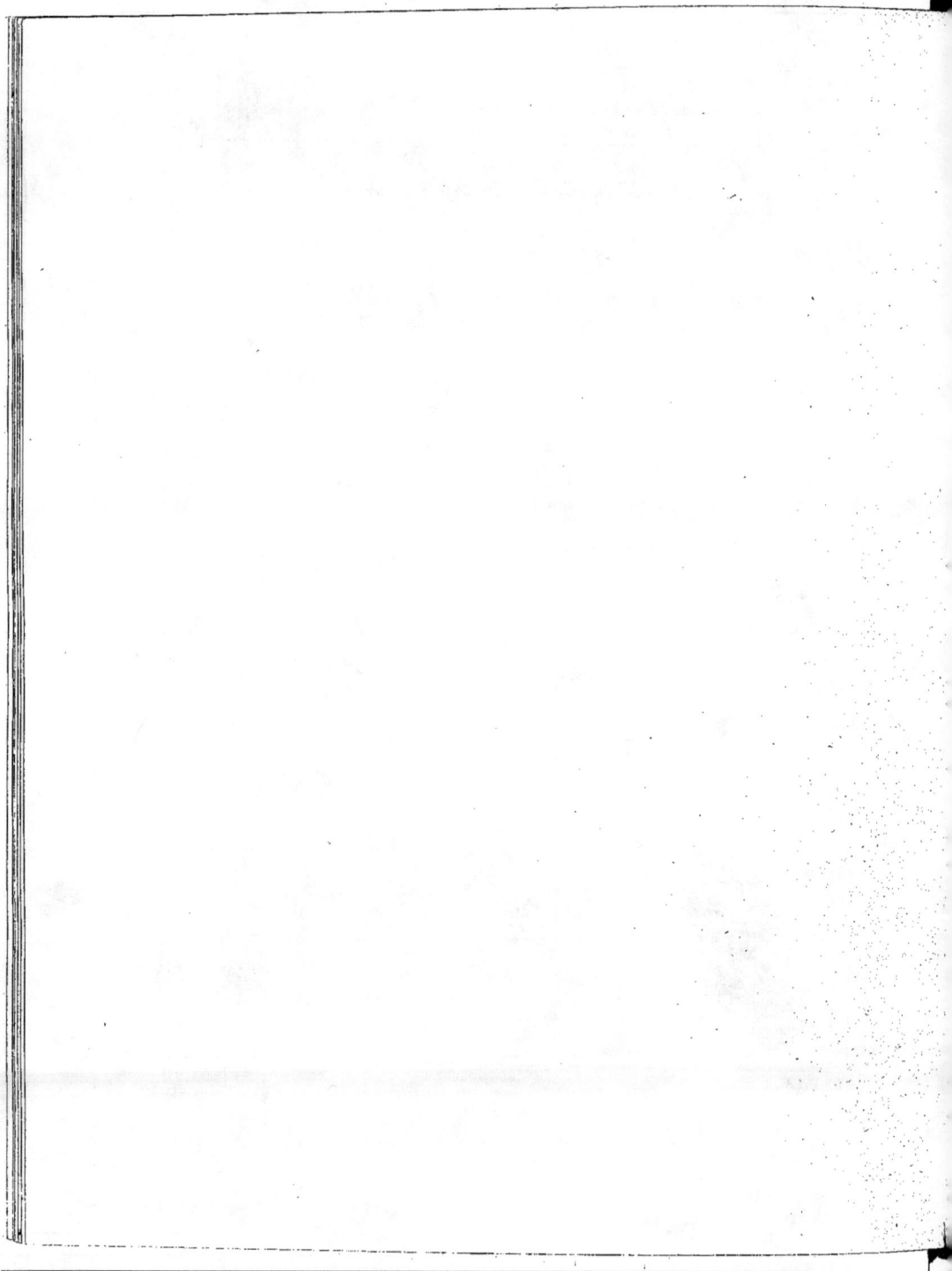

Greillade en Élaboration.

Fig 25.

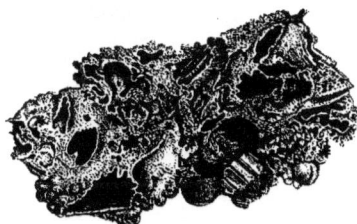

Groupe
de Charbons empatés avec pellicule métallique.

Fig. 26.

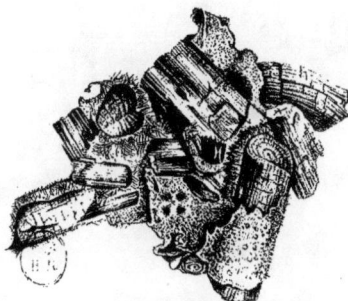

F. Mercadier del.   Delahaye lith.   Lith de Becquet à Paris.

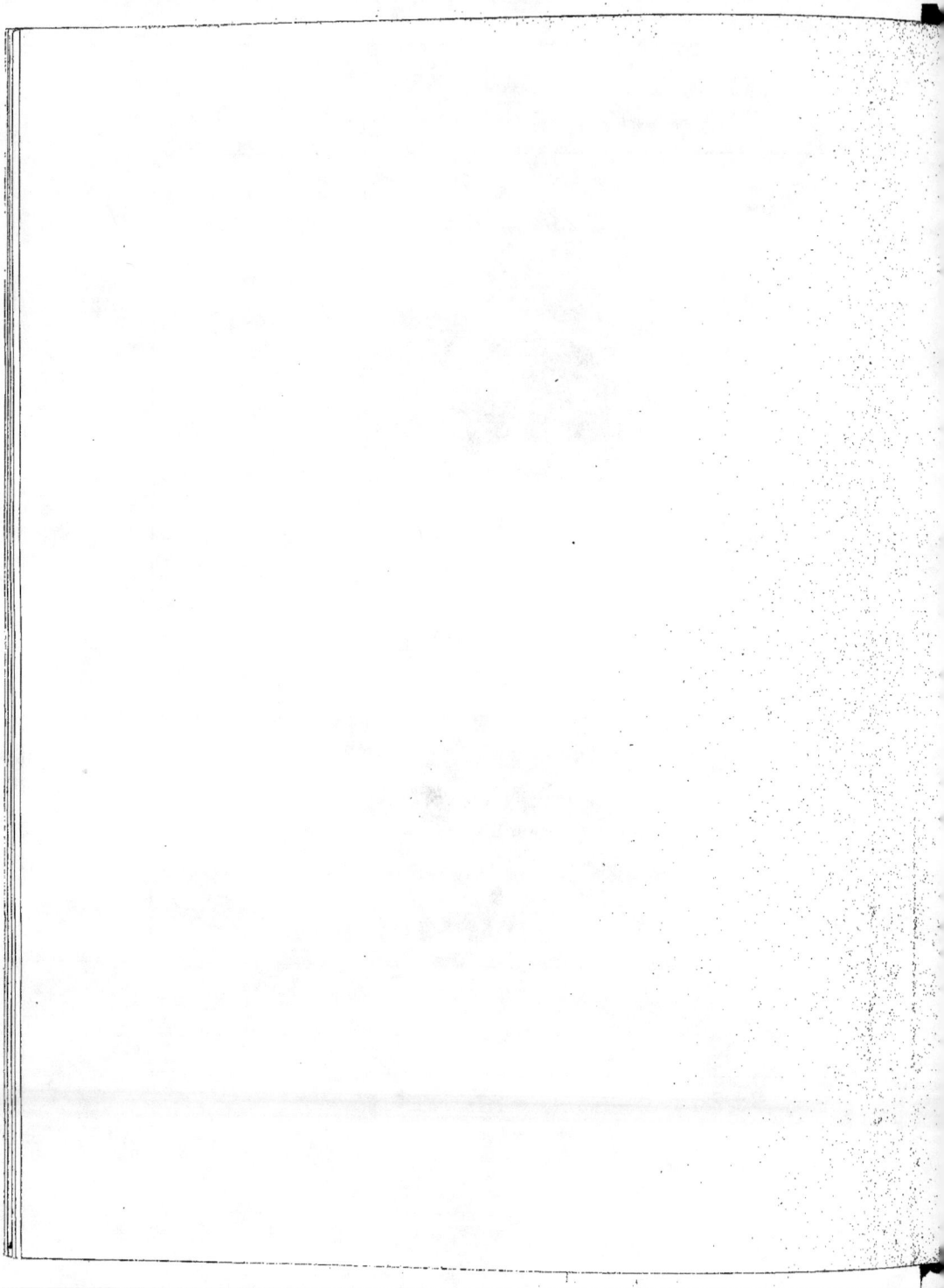

Charbons avec ampoules dans le bain de scories.

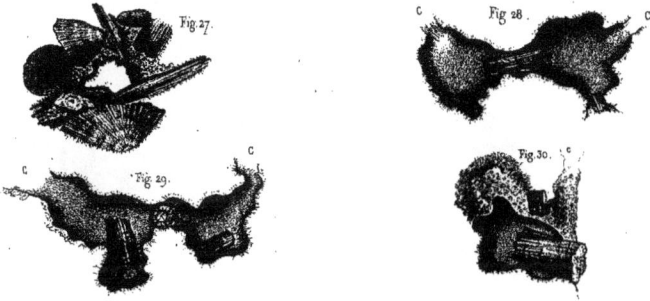

Fig. 27.   Fig. 28.   Fig. 29.   Fig. 30.

Pellicules métalliques développées.

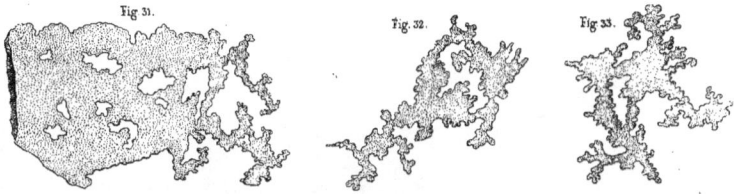

Fig. 31.   Fig. 32.   Fig. 33.

Cristaux bacillaires.

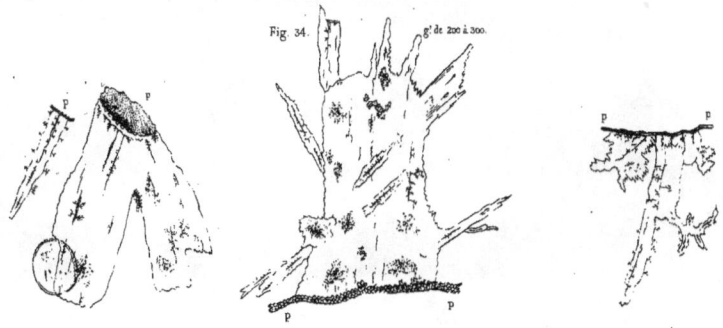

Fig. 34.   g' de 200 à 300.

F. Marcadier del.   Delahaye lith.   Lith. de Becquet à Paris.

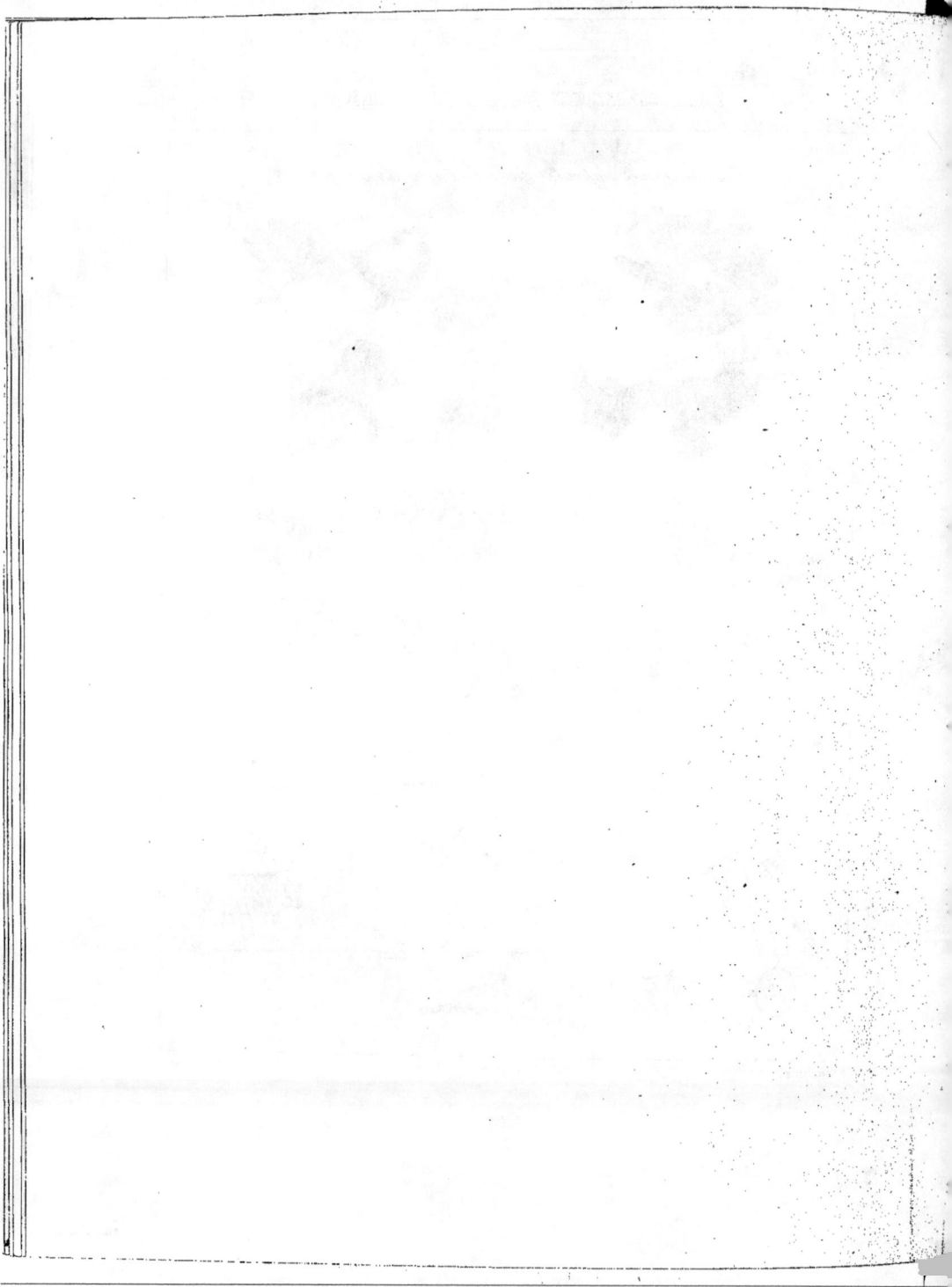

Pl. 1.

Plan d'une Forge catalane à un feu.

Fig. 2.

Disposition moderne.

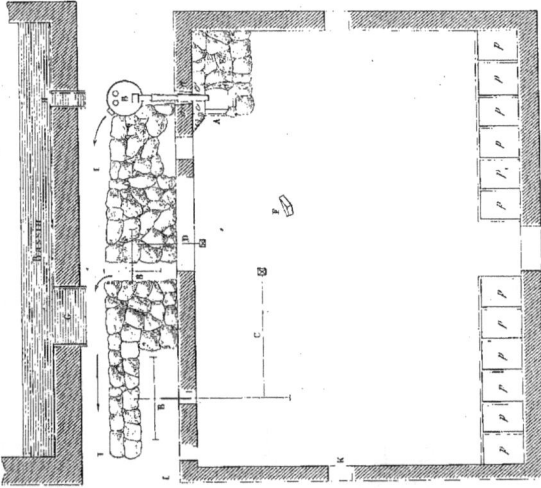

Fig. 1.

Disposition ancienne.

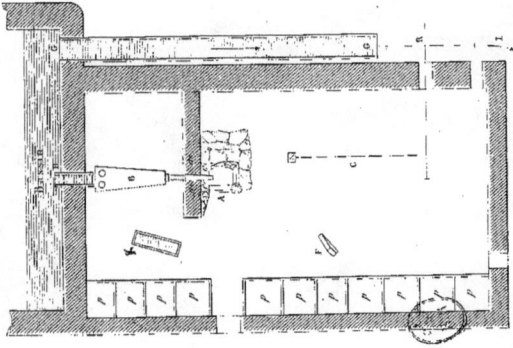

Echelle de 0,005 pour mètre.

F.t Mercader del.   Lemaitre sc.

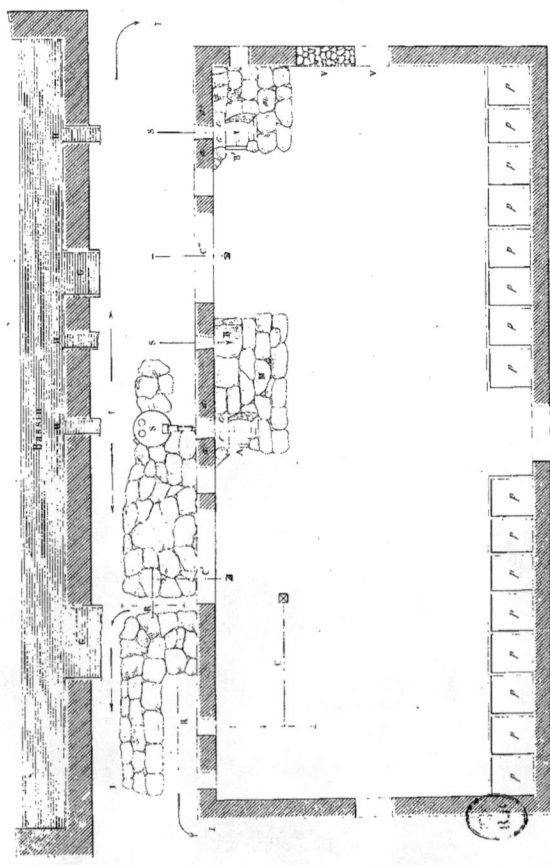

Pl. II

Plan d'une Forge catalane à deux feux.

Echelle de o™ oo3 pour mètre.

10 mètres

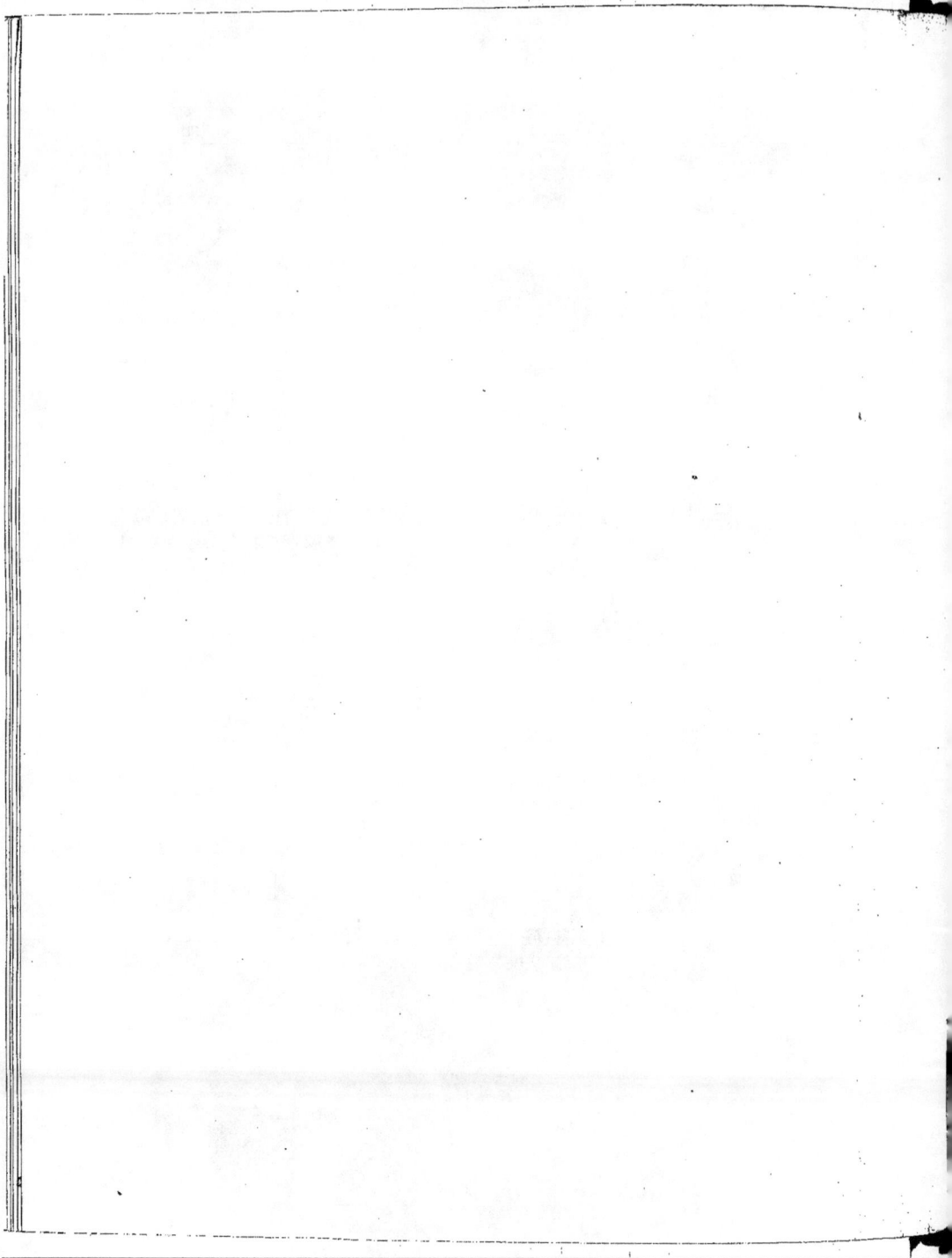

Fig. 1.

Coupe transversale de la Trompe
par l'axe des arbres.

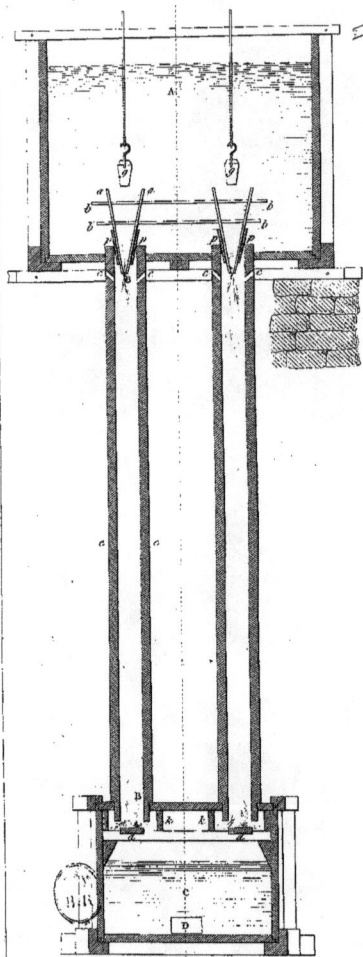

Quart de cercle de Lapeyrouse. Fig. 4. Quart de cercle

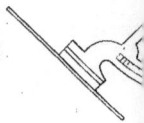

Coupe longitudinale de
et Coupe transversale de
Fig. 2.

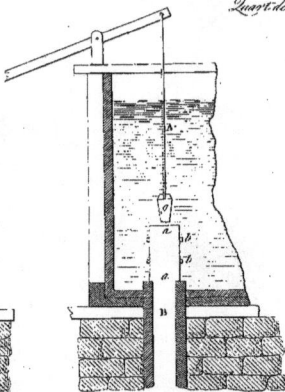

Plan de la Trompe et du Creuset. F

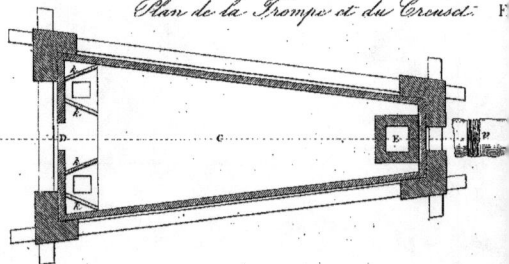

Ed. Mercadier del.

Pl. III.

Creuset catalan.

de la Trompe
du Creuset.

Fig. 5.

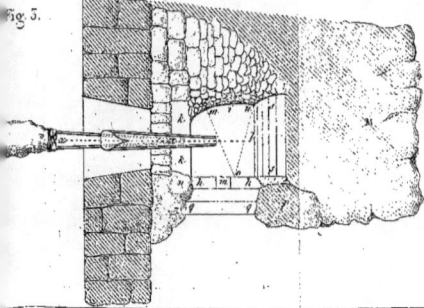

de Mr. F. Richard. Fig. 5.

Fig. 6.
Croix en fer.

Fig. 6.
Règles à coulisse.

Caisse d'une Trompe en tines. Fig. 8.

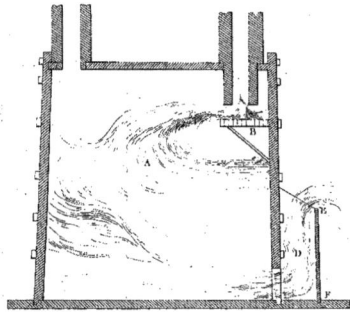

Trompilles. Fig. 9.

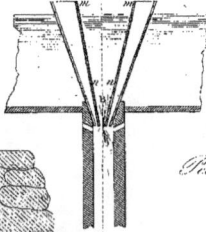

Trompe des Alpes. Fig. 10.

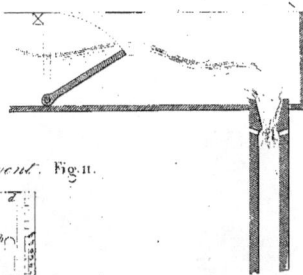

Pèse-vent. Fig. 11.

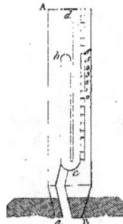

Échelle des Fig. 1, 2 et 3 de 0.m 02 pour mètre.

Échelle des Fig. 8, 9, 10 et 11 de 0.m 015 p. mètre.

Lemaître sc.

Ringard ou Attisoir. Fig. 1.

Écrasie ou Rape. Fig. 2.

Crochet ou Ricot. Fig. 3.

Pelle. Fig. 4.

Pelle de chargement. Fig. 5.

Tilleidou. Fig. 6.

Basquet. Fig. 7.

Roue. Ma...

Mand...

Taillac...
Fig. 8.

Cro...

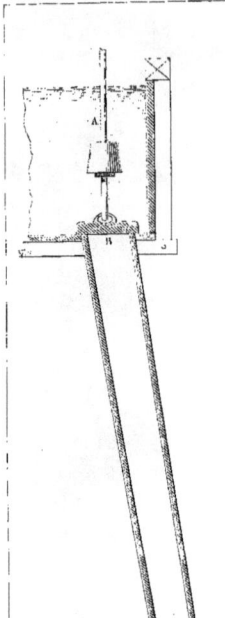

Coupe verticale
de la Roue.
Fig. 1.

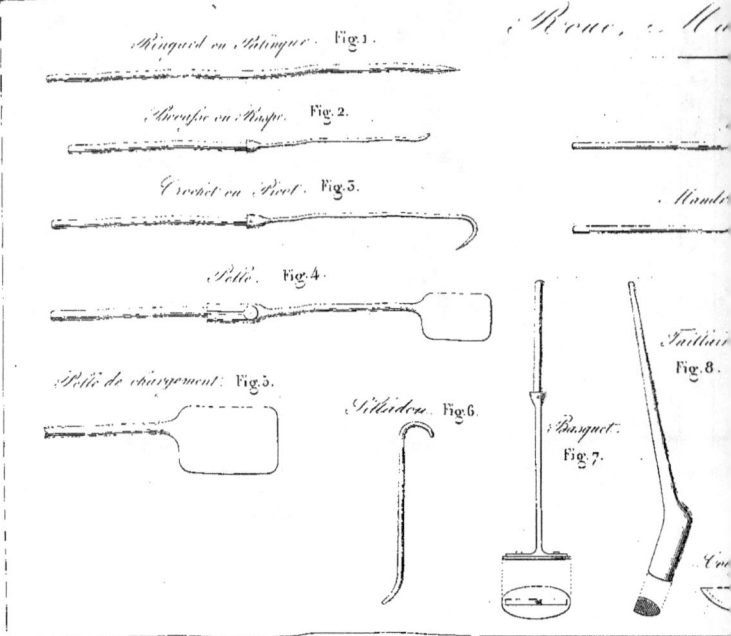

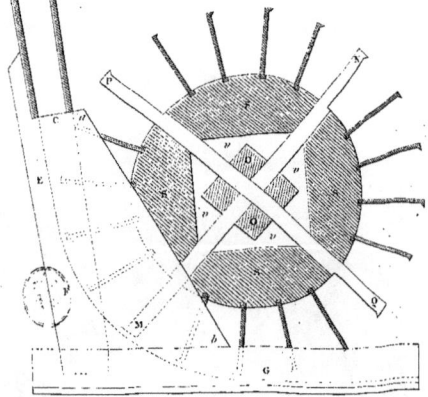

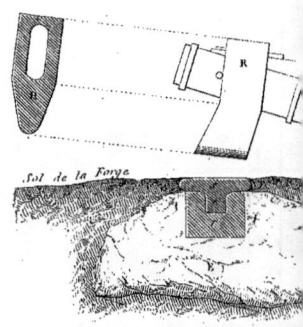

Sol de la Forge.

F.? Herrubier del.

Pl. IV.

reau. Outils.

Tenailles droites. Fig.13.

Corbettes.

a pal. Fig.14.

ou Espine. Fig.15.

Tenailles de Coupe. Fig.10.

Grandes pinces. Fig.9.

Grosses Tenailles. Fig.11.

Creuset
d'une Forge verso.

Coupe verticale.
Fig.16.

Fig.8. bis.

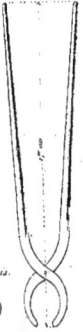
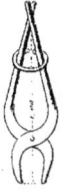
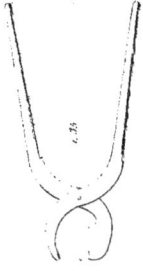
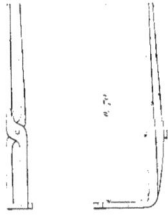

Plan. Fig.17.

Élévation du Marteau. Fig.2.

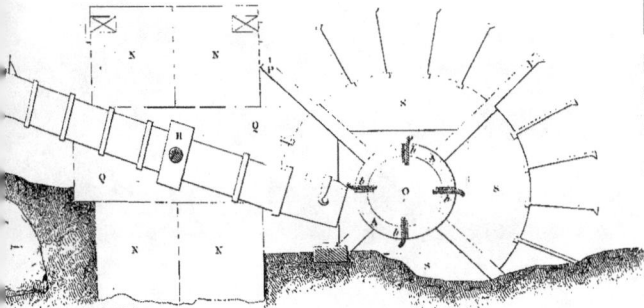
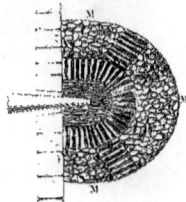

Échelle des Fig.1 a 2 de 0.02 pour mètre.

Échelle des Fig.16 et 17. de 0.30 p. mètre.

Lemaitre sc.

Pl. V.

Fig. 1.
Feu en chargement.

Fig. 5.
Massé.
Coupe suivant a b.

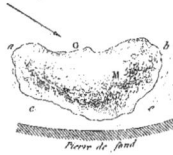

Pierre de fond.

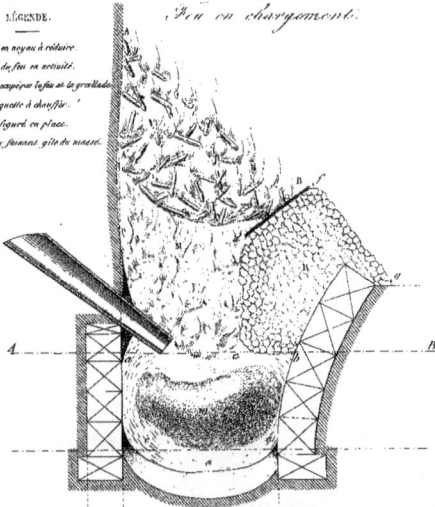

Fig. 3.
Massé coupé au gros Taillaere.

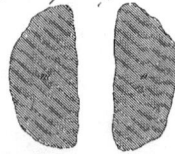

Fig. 2.
Massé au feu.

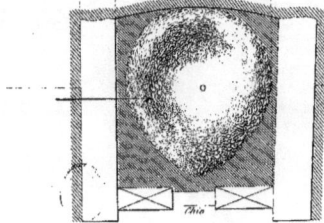

Thin

Fig. 4.
Principe de Massé.

Echelle de 0.m03 pour mètre.

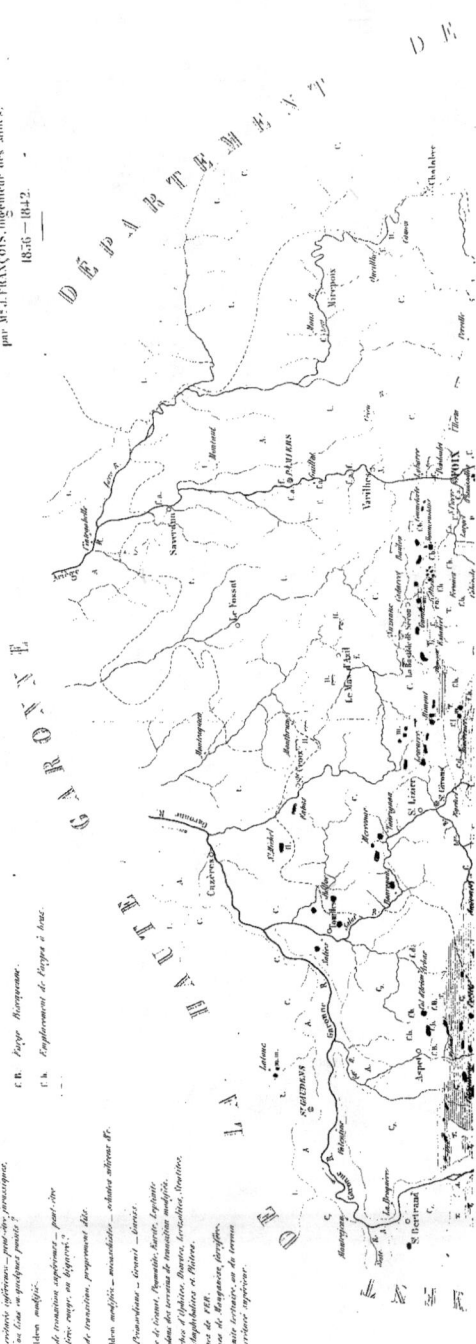

Pl. VI.

CARTE
DE
L'ARIÈGE,

avec indication de la nature et des liquide des terrains

par M. L. FRANÇOIS, Ingénieur des Mines.

1836 — 1842.

DÉPARTEMENT DE

HAUTE GARONNE

LA

DE

L'AUDE

Textes et Lettres indicatives
des Travaux et des Mines.

A. Terrains alluviens.

t. Terrains neyens.
c. crétacée supérieure, Craie marneuse,
   étoit pouvant une terrains supérieur
c'. Idem modifié ou enveloppe des terrains
   et des roches ignées.
cc. crétacée inférieure — peut-être quelconque,
   ou lieu de quelques points?
c'. Idem modifié.
v. de transition supérieure — peut-être
   terrain rouge, ou biquarri?
v'. de transition, proprement dite.
T. Idem modifié, mondarlaire — schiste ardoise &c.
P. Protervienne — Grévaut — biais.
P'. Roce de bisant, Pyromaire Karste, exploité
   dans des terrains de transition modifiés.
G. Roches d'épidote, Diorites, Feritecline, Structure,
   Amphibolite et Phéres.
S. Mines de FER.
mm. Mine de Manganèse, ferrifère.
H. Lignite tertiaire, ou de terrain
   crétacée supérieur.

Lettres indicatives
des Usines anciennes et modernes.

L. Laminoirs.
C. Forges, et Martinet à ouvrer le Fer.
c.a. Fabrique d'Acier, Fonte et Limes.
c.d. Haute de Fer détaint.
c.R. Forge Marteyenne.
c.h. Emplacement de Forges à haut.

DÉPARTEMENT DE

FOIX

PAMIERS

St GIRONS

DÉPT DES PYRÉNÉES ORLES

ANDORRE

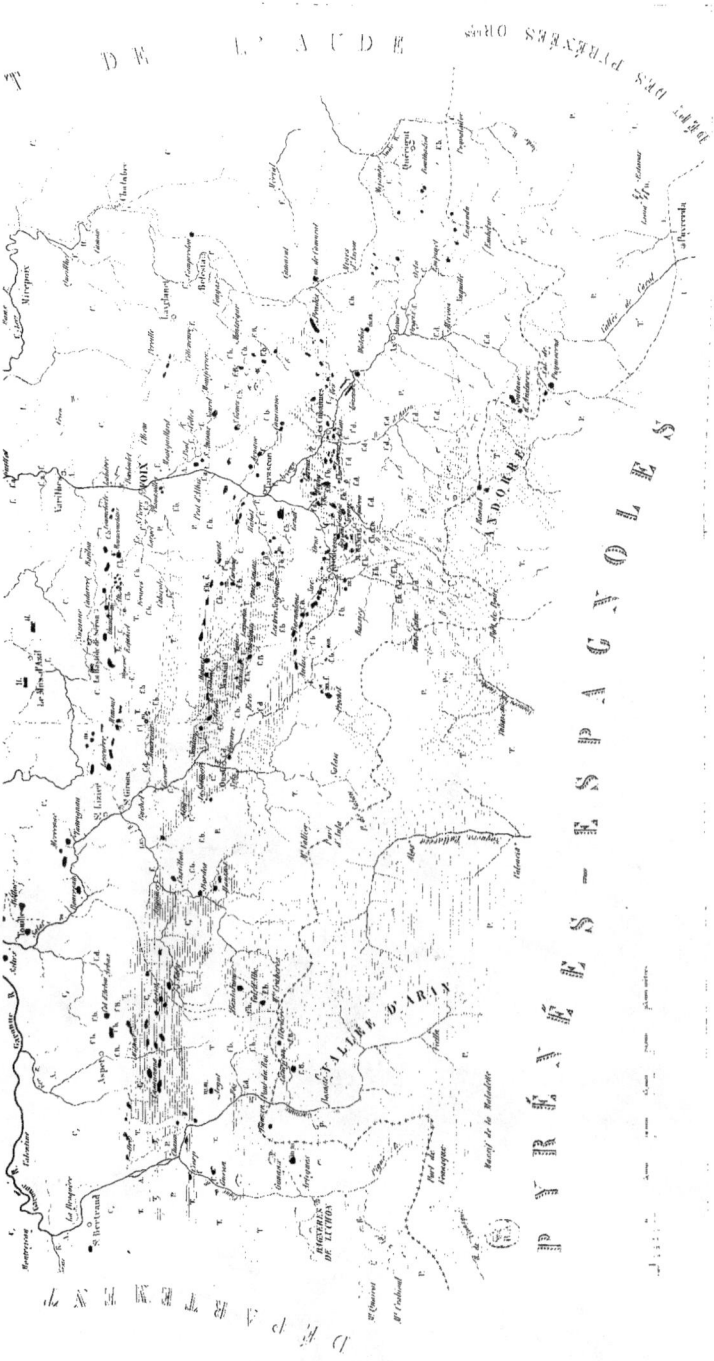

PYRÉNÉES — ESPAGNOLES

VALLÉE D'ARAN

DÉPT DE L'ARIÈGE

Mirepoix

Foix

Maladetta

Bagnères de Luchon

Bassin ferrifère de Viedessos aux Cabannes.

Fig. 1.

Coupe transversale par Orus et le Col de Grail.

La Pique d'Andron

Sommet de Rancié

Col de Grail

Orus

Vallée
de
Viedessos

Vallée
de
Siguer

Fig. 2.

Coupe transversale par le sommet de Rancié.

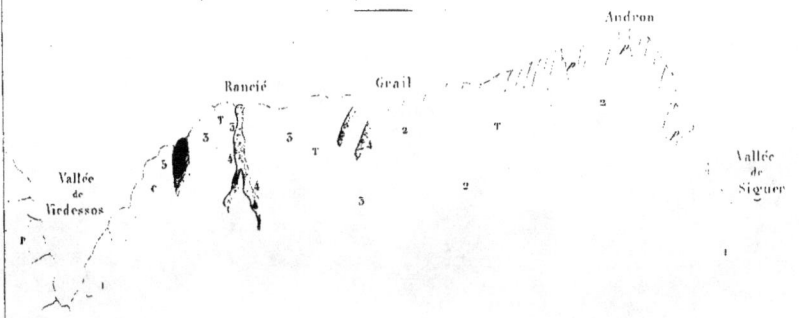

Andron

Rancié

Grail

Vallée
de
Viedessos

Vallée
de
Siguer

Fig. 3.

Coupe transversale par les Mines de Miglos et de Larcat.

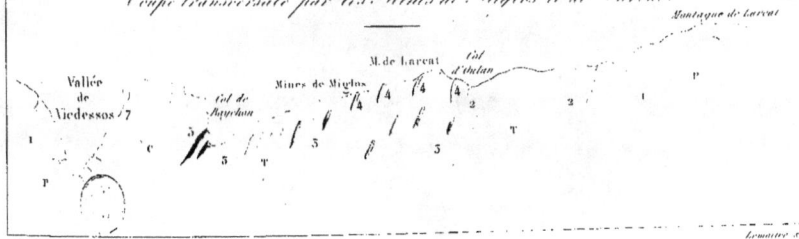

Montagne de Larcat

Vallée
de
Viedessos

Col de
Baychou

Mines de Miglos

M. de Larcat

Col
d'Ustou

F. Mercadier del.

Lemaitre sc.

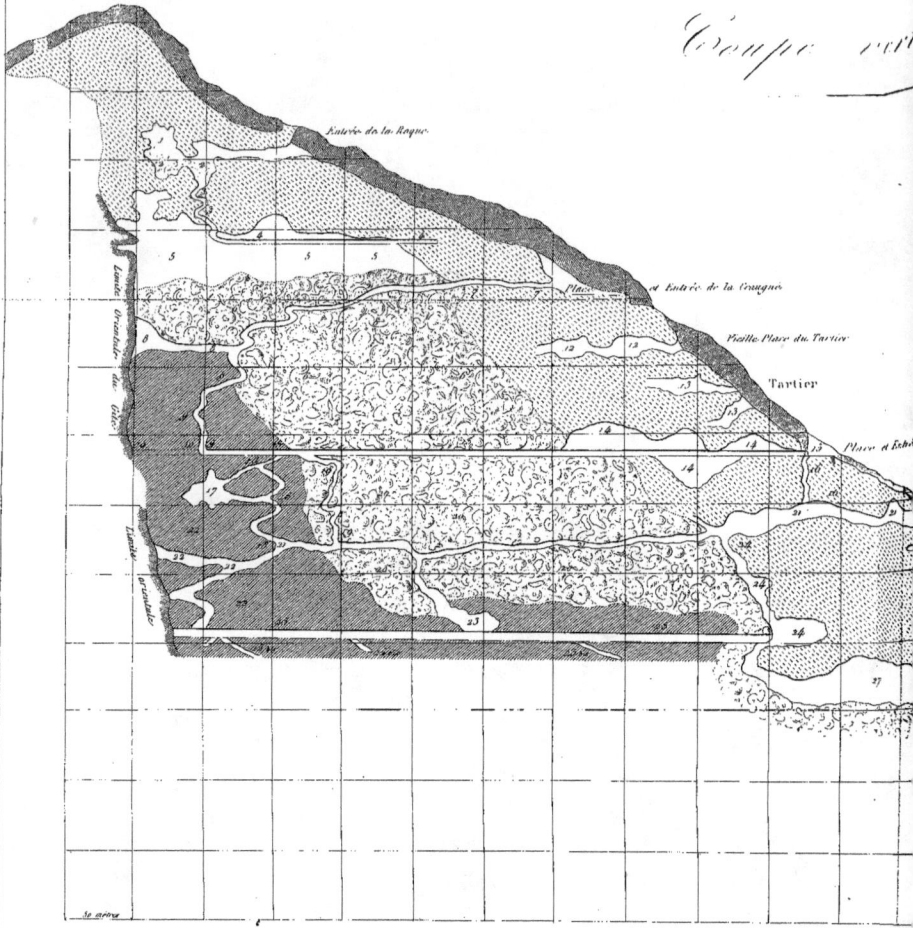

Sommet du Mont Rancié

Coupe verticale

Entrée de la Roque.

Plan et Entrée de la Crouque.

Vieille Place du Tartier.

Tartier

Place et Extraction

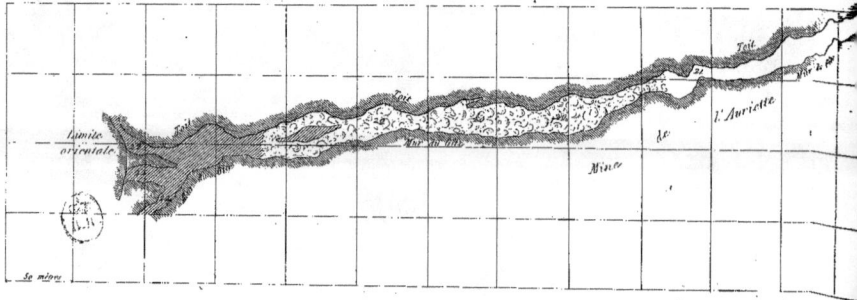

Plan

Limite
orientale

Toit

Toit

Toit

Mine

Mur du toit

Mur du toit

l'Auriette

de

Mine

F.t Mercadier del.

Pl. VIII.

MINES DE RANCIÉ.

Coupe verticale suivant Est-Ouest.

verticale

LÉGENDE.

1	Mine de la Roque.
2	Éboulis de la Roque.
3.3.	Galerie de S.t Louis à la Roque.
4.4.	Galerie S.t Louis.
5.5.5.	Grands vides de la Craugne.
6.6.6.	Éboulis de la Craugne.
7.7.7.	Galerie d'exploitation de la Craugne.
8.8	Galerie et Chantiers de la Tire.
9.9.9.	Communication de la Craugne au Poutz.
10.	Galerie sous la Craugne.
12.	Anciens vides de la vieille place du Tartier.
13.	Vides du Tartier.
14.	Vides du Poutz.
15.	Galerie d'exploitation du Poutz.
16.	Ancien puits ou embranchement du Poutz.
17.	Chantiers du Poutz.
18.	Communication du Poutz à l'Auriette.
19.	Idem — ancienne et abandonnée.
20.	Éboulis de l'Auriette.
21.	Vides et Galerie d'exploitation de l'Auriette.
22.	Chantiers avancés de l'Auriette.
23.	Idem — de Tarbes.
24.	Vides du Cap del Pec.
25.	Recherches sous l'Auriette.
25 bis	Descenderies en percement.
26.	Vides de la Grallère.
27.	Vides et éboulis de la Place d'en-haut.
28.	Cheminée et recherche de l'Escudelle.
29.	Vides et puits du Bellagre.
30.	Recherche avancée de l'Escudelle.
31.	Galerie d'écoulement dite de Becquey.
32.	Minerai en place de Becquey.
33.	Galerie d'allongement et recherche intérieure de Becquey.

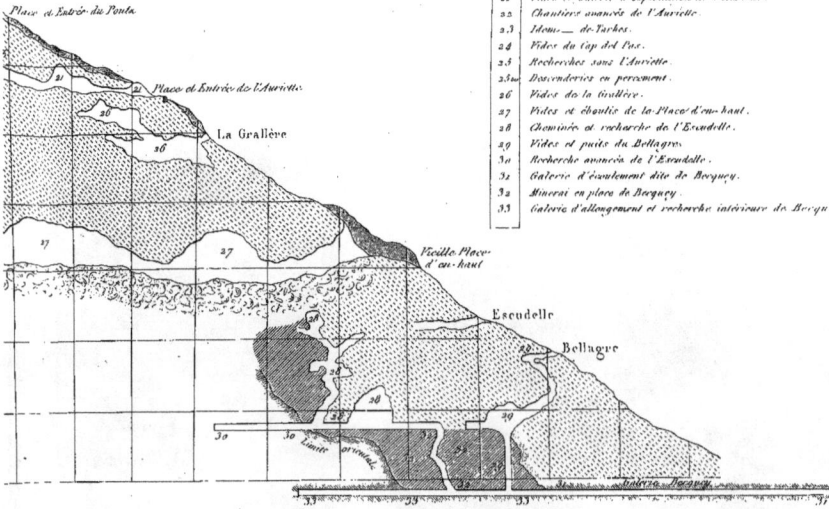

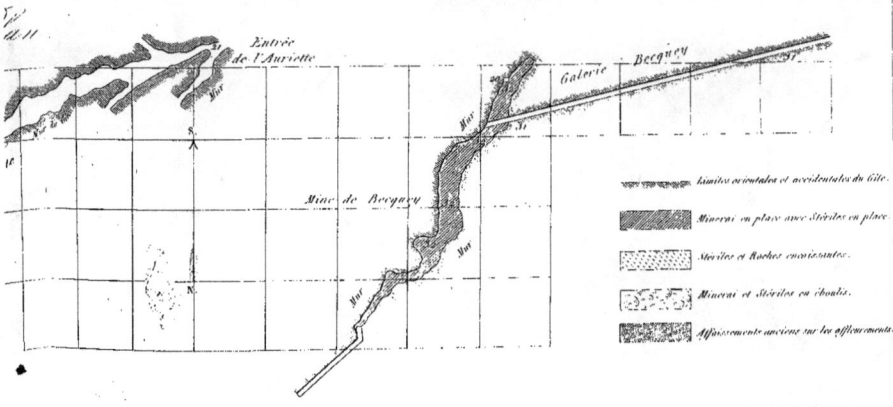

Place et Entrée du Poutz

Place et Entrée de l'Auriette.

La Grallère

Vieille Place d'en-haut

Escudelle

Bellagre

Galerie Becquey

Entrée de l'Auriette

Galerie Becquey

Mine de Becquey

	Limites orientales et occidentales du Gîte.
	Minerai en place avec Stériles en place.
	Stériles et Roches encaissantes.
	Minerai et Stériles en éboulis.
	Affaissements anciens sur les affleurements.

Lemaître sc.

PI. IX.

Fig. 2.
Raspe à grille.

Fig. 1.
Appareil
pour l'étude de la combustion.

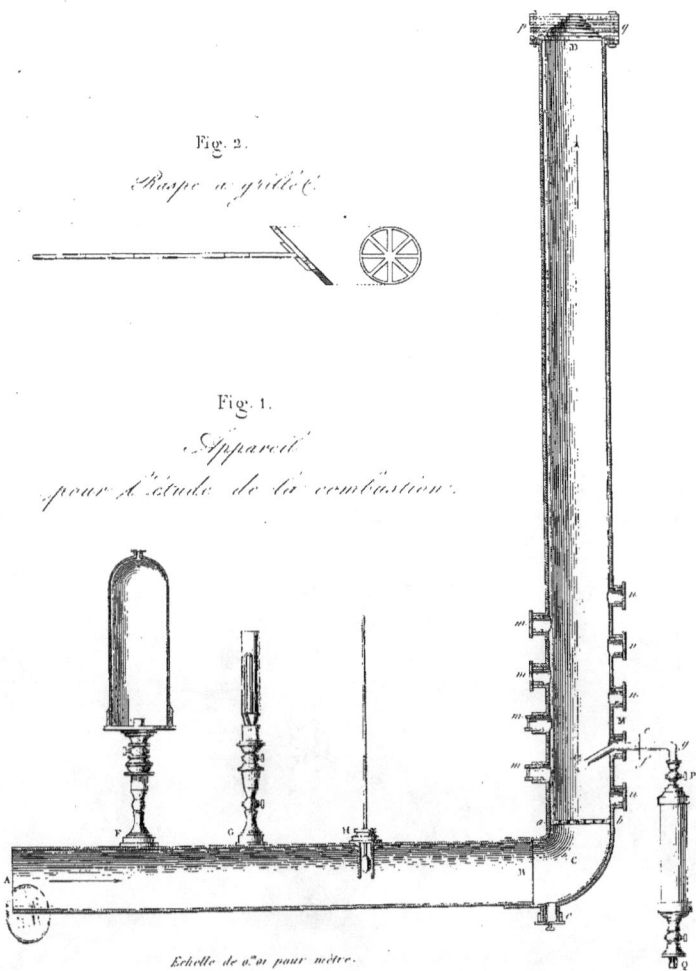

Echelle de 0.m 01 pour mètre.

F. Mercadier del.

Lemaître sc.

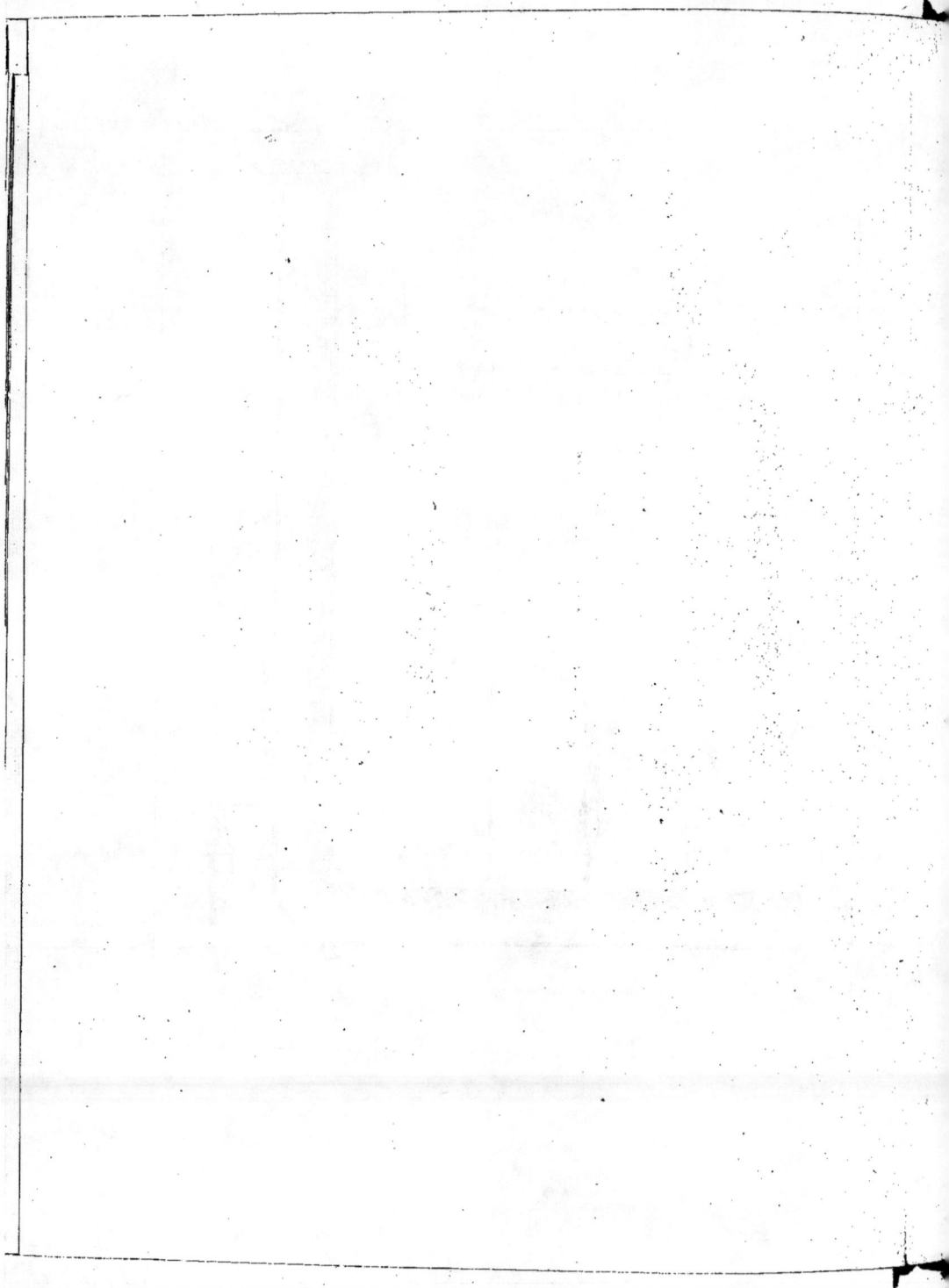

Pl. X.

Appareils hygroscopiques.

Fig. 1.

Fig. 2.

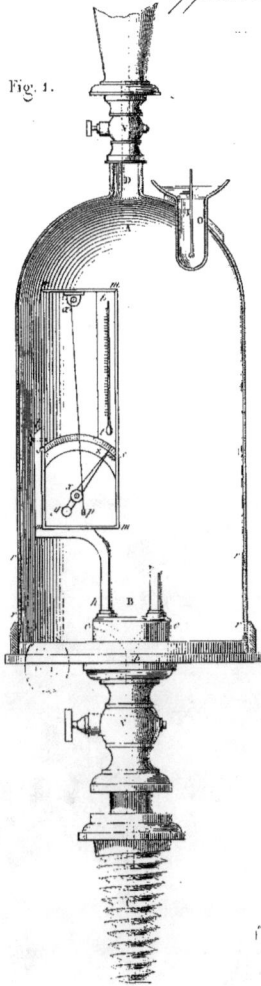

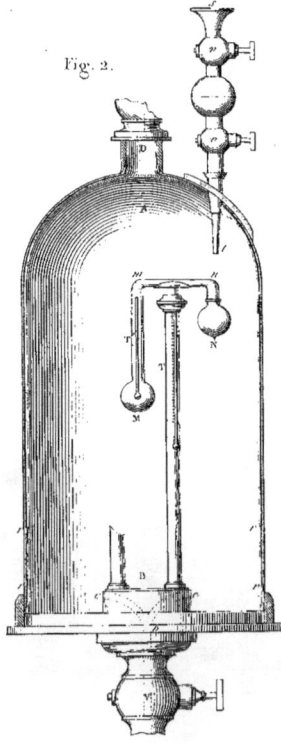

Échelle de 0,025 pour mètre.

3 mètres

V. Alexandre del.

Lemaître sc.

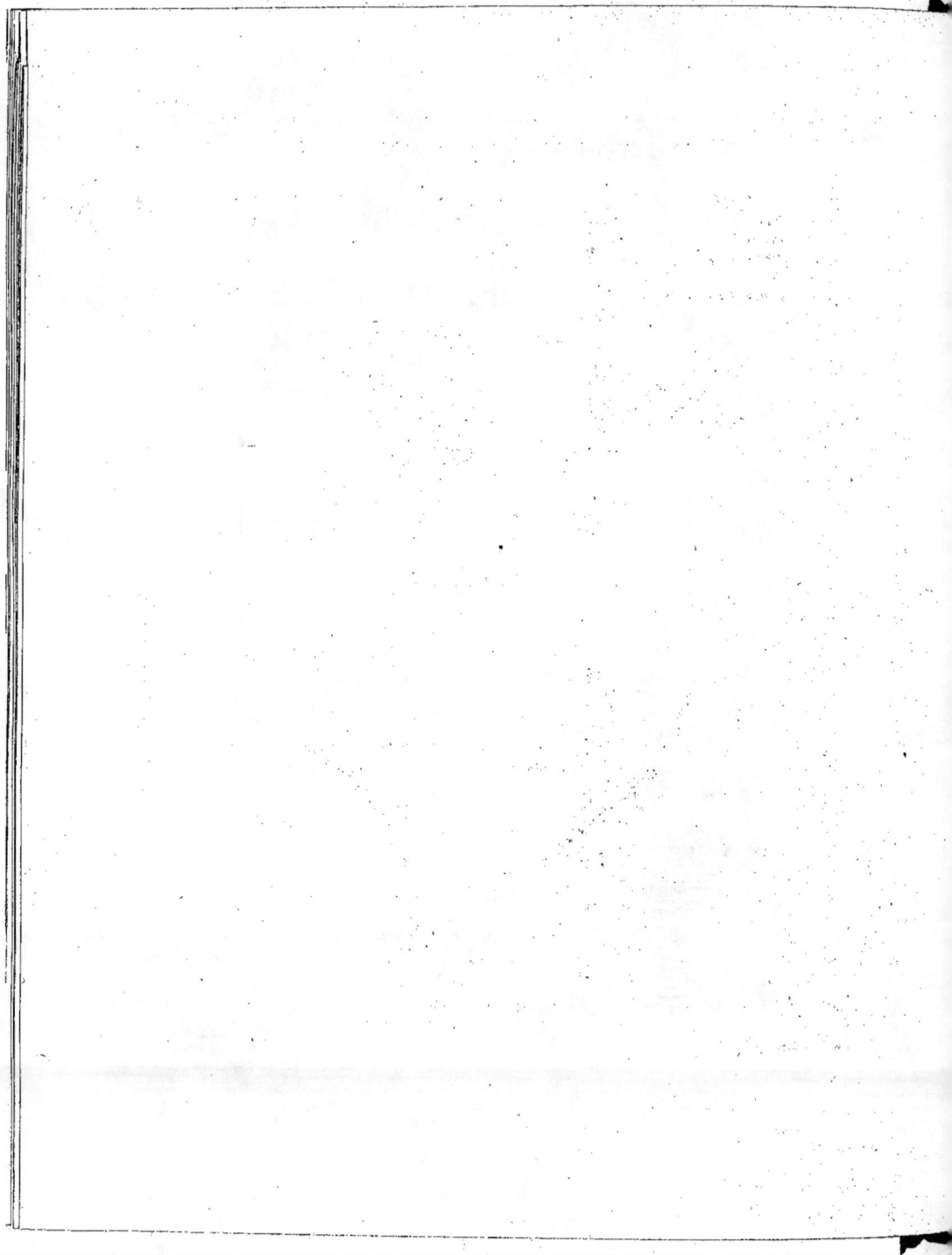

Pl. XI.

Études sur l'élaboration du minerai de Fer

LÉGENDE.
- o. *Massé.*
- o'. *Principe.*
- B. *Bain de scories.*
- S. *Sole.*
- o o. *Écailles faisant gîte du Feu.*

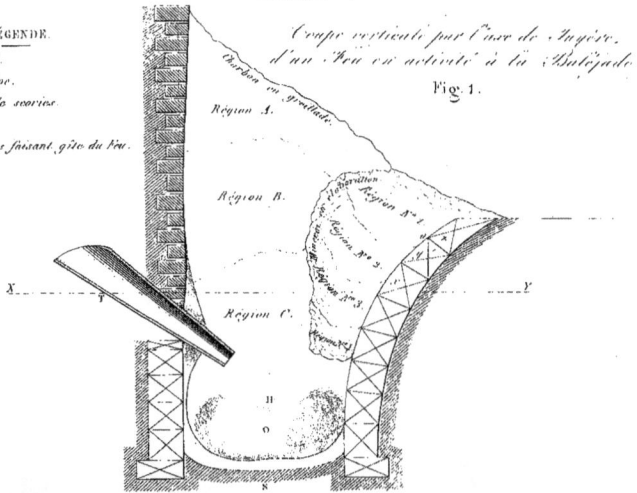

Coupe verticale par l'axe de Tuyère,
d'un Feu en activité à la Baléjade.

Fig. 1.

Charbon en grenaille

Région A.

Région B.

élaboration Région N° 1

Région N° 2

Région N° 3

Région C.

X — Y

B

O

N

Coupe verticale par l'axe de Tuyère
d'un Feu en activité pendant l'étirage.

Fig. 2.

Minerai
en élaboration

Région B.

Région C.

X — Y

B

D

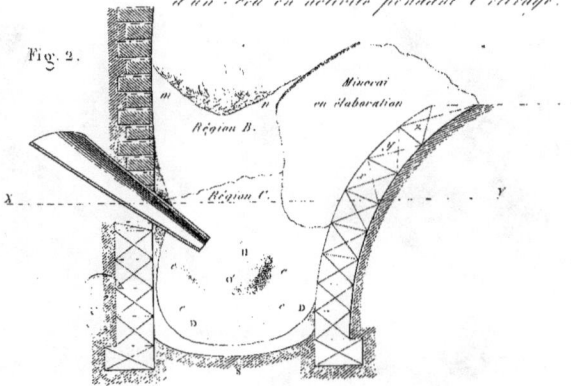

Échelle de o^m o15 pour mètre.

F. Mercadier del.

Lemaître sc.

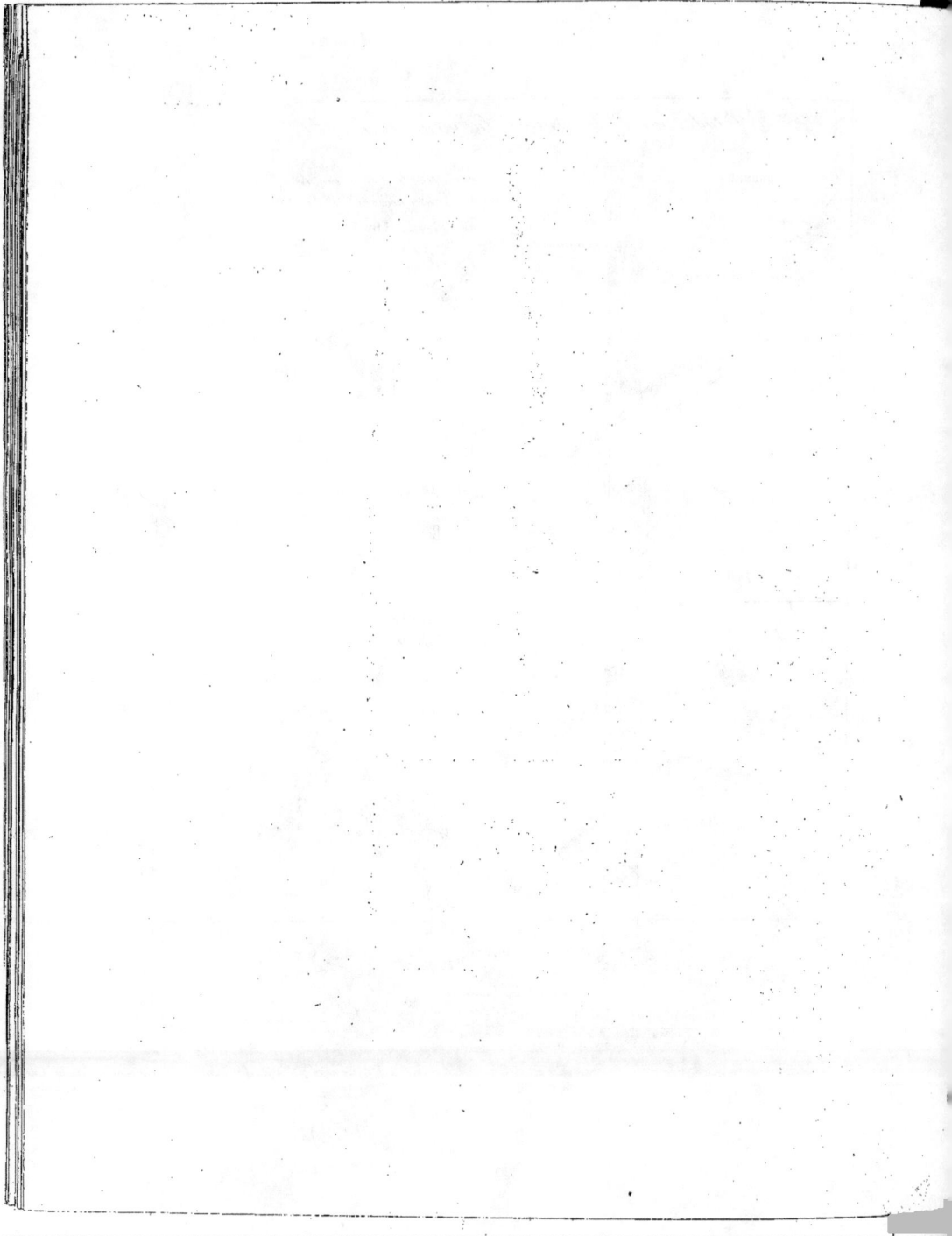

Four de Grillage de S.t Viaux.

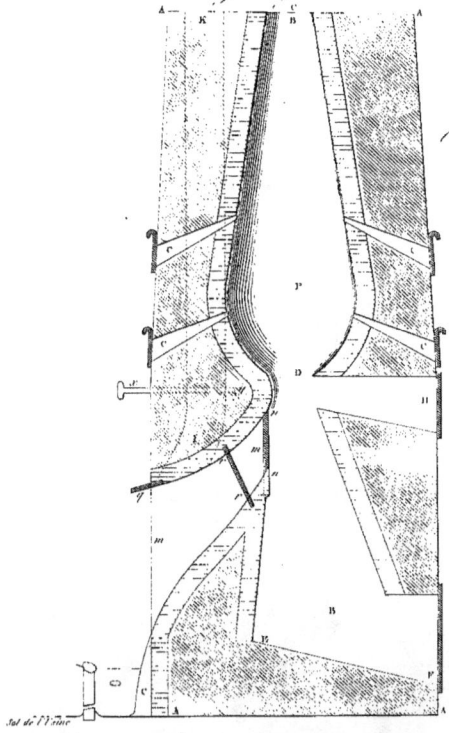

Coupe verticale. Fig. 1.

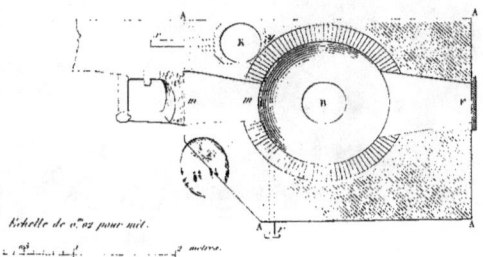

Plan. Fig. 2.

Échelle de o.m o2 pour mèt.

P.t Hérondin del.

Lemaire sc.

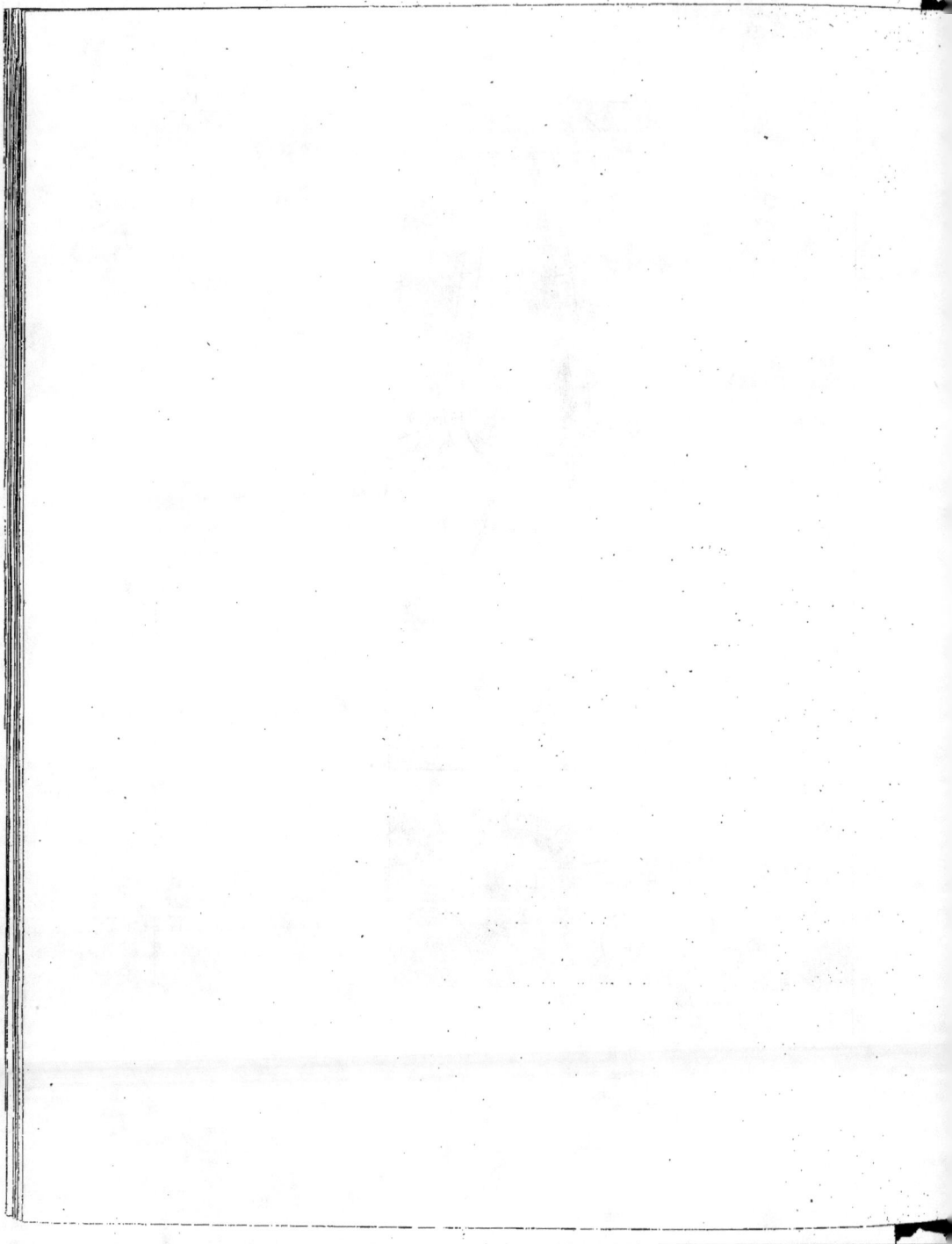

Fig. 1.

Forge à bras.   Coupe verticale.

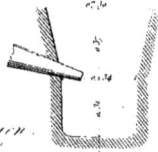

Fig. 2.

Creuset Biscayen.
Coupe verticale.

Fig. 3.

Passage au feu Catalan.
Coupe verticale.

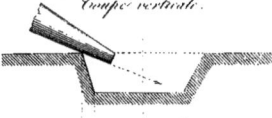

Plan.

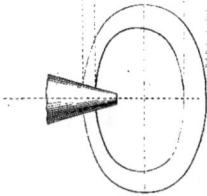

Plan.

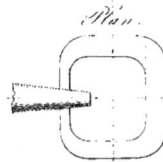

Feu Catalan. (au 1.er Siècle)

Fig. 4.

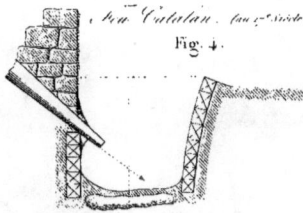

Echelle de 0.m05 pour mètre.

1 mètre.

Marteau Biscayen.   Coupe verticale.

Fig. 5.

Plan.

Echelle de 0.m02 pour mètre.

2 mètres.

E. Mercadier del.

Lemaître sc.

a

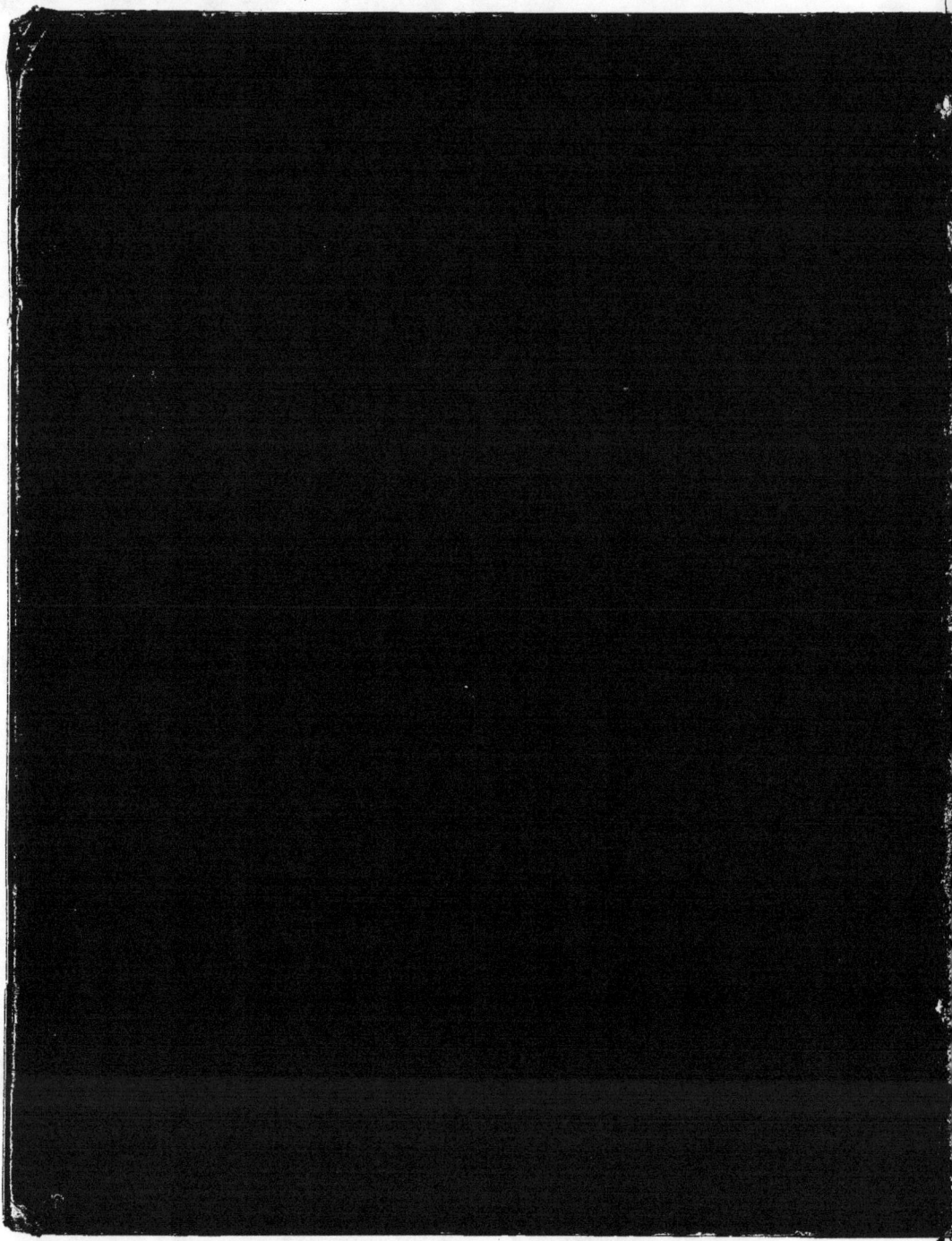

www.ingramcontent.com/pod-product-compliance
Lightning Source LLC
Chambersburg PA
CBHW050529210326
41520CB00012B/2495